Satzungen
der Greifswalder Gelehrten Gesellschaft
für Lutherforschung und neuzeitliche Geistesgeschichte.

1. Die Greifswalder Gelehrte Gesellschaft für Lutherforschung und neuzeitliche Geistesgeschichte ist eine freie Vereinigung von Gelehrten, die an der Universität Greifswald tätig oder anderweitig mit ihr verbunden sind. Sie hat ihren Sitz in Greifswald.

2. Der Zweck der Gesellschaft ist wissenschaftliche Forschung. Sie verfolgt ihr Ziel insbesondere durch wissenschaftliche Veröffentlichungen, Forschungsberichte und Vorträge. Die Gesellschaft erscheint im amtlichen Personalverzeichnis der Universität.

3. Die Gesellschaft besteht aus ordentlichen und korrespondierenden Mitgliedern. Sie ergänzt sich aus allen Fakultäten.

4. Die ordentlichen Mitglieder müssen ihren bürgerlichen Wohnsitz in Greifswald haben.

Gibt ein ordentliches Mitglied seinen Wohnsitz in Greifswald auf, so wird es von selbst korrespondierendes Mitglied.

Ein korrespondierendes Mitglied, welches in Greifswald seinen Wohnsitz begründet, kann zum ordentlichen Mitglied gewählt werden. Der § 6 findet Anwendung.

5. Über die Angelegenheiten der Gesellschaft wird von den ordentlichen Mitgliedern beraten und mit einfacher Mehrheit beschlossen, sofern nicht ein anderes bestimmt ist.

6. Über die Aufnahme neuer Mitglieder wird in einer Sitzung der ordentlichen Mitglieder in geheimer Abstimmung Beschluß gefaßt.

Die Aufnahme findet nicht statt, wenn drei ordentliche Mitglieder in der Sitzung oder, wenn sie nicht daran teilgenommen haben, innerhalb eines Monats widersprechen.

Ein Ausschluß aus der Gesellschaft kann nur erfolgen, wenn $^{3}/_{4}$ aller ordentlichen Mitglieder zugestimmt haben.

7. Die Bestimmungen von § 6 können nur in entsprechender Weise geändert werden.

Andere Verfassungsänderungen und die Auflösung der Gesellschaft sind beschlossen, wenn $^{2}/_{3}$ der Anwesenden dafür gestimmt haben. In dieser Sitzung müssen $^{2}/_{3}$ aller ordentlichen Mitglieder anwesend sein. Ist das nicht der Fall, so entscheidet die nächste Sitzung, zu der alle ordentlichen Mitglieder unter Angabe der Tagesordnung erneut einzuladen sind.

8. Regelmäßige Beiträge werden nicht erhoben. Im Bedarfsfalle können Umlagen beschlossen werden.

9. Der Vorstand besteht aus dem Vorsitzenden und aus drei Vertretern der Fakultäten. Ein Vorstandsmitglied muß Kirchenhistoriker sein. Der Vorstand beschließt über die Herausgabe der Druckschriften. Er hat das Recht, besondere Mitteilungen zu veröffentlichen.

Der Vorstand wird von der Mitgliederversammlung auf ein Jahr gewählt, Wiederwahl ist zulässig. Je ein Mitglied soll tunlichst der theologischen, rechts- und staatswissenschaftlichen und philosophischen Fakultät angehören. Das Geschäftsjahr beginnt mit dem 15. Mai.

10. Der Gesellschaft stehen für ihre Zwecke geeignete Räume der Universität nebst Beleuchtung, Beheizung und Bedienung zur Verfügung.

Die Mitglieder haften nur mit ihrem Anteil am Gesellschaftsvermögen. Das Vermögen der Gesellschaft geht bei Auflösung auf die Universität über.

11. Diese Satzungen bedürfen der Zustimmung des Preußischen Ministeriums für Wissenschaft, Kunst und Volksbildung.

Greifswalder Studien
zur Lutherforschung u. neuzeitlichen Geistesgeschichte
Herausgegeben von der
Greifswalder Gelehrten Gesellschaft für Lutherforschung
und neuzeitliche Geistesgeschichte
6

Die religiösen Grundgedanken des jungen Luther und ihr Verhältnis zu dem Ockamismus und der deutschen Mystik

von

Reinhold Seeberg

Verlag von Walter de Gruyter & Co.
vormals C. J. Göschen'sche Verlagshandlung — J. Guttentag, Verlagsbuchhandlung — Georg Reimer — Karl J. Trübner — Veit & Comp.
Berlin 1931 Leipzig

Viktor Schultze
zum 80. Geburtstag

Mag auch die Welt um uns veralten,
Wir bleiben ewig jung die Alten.

Archiv-Nr. 32 13 31

Druck von Ferdinand Berger in Horn.

1.

Kein Verständiger wird einem Mann wie Luther die geistige Originalität absprechen.[1] Er besaß nicht nur die Originalität der zündenden und gründenden Formel, sondern auch die eigenartige Kraft des Schauens und Empfindens, welche den genialen Menschen auszeichnet. Aber Genialität ist keineswegs Einspännertum. Sie äußert sich immer auch in dem intuitiven Verständnis der tiefsten geistigen Motive des Lebens des Zeitalters. Und das wird besonders von solchen Zeiten gelten, die sich in einer tiefgehenden geistigen Krisis befinden. Es ist aber irreführend, wenn man ein derartiges Durchdrungenwerden des genialen Menschen von den Lebensmächten seiner Zeit mit dem schulmeisterlichen Ausdruck „Abhängigkeit" bezeichnet. Das stimmt so wenig, als das Erleben die Selbständigkeit des Lebens ausschließt. Es ist daher ebenso unrichtig, Luther zum Ockamisten zu stempeln (Denifle) als etwa jede innere und dauernde Beziehung zur Mystik bei ihm zu leugnen (A. Ritschl). Er ist von der einen wie von der anderen Richtung angeregt und erregt worden und hat doch eine Gedankenwelt von tiefster Eigenart aufgebaut. — Wer sich über das hiermit bezeichnete Problem orientieren will, muß natürlich seine Aufmerksam-

[1] Im Folgenden ist ein Vortrag wiedergegeben, den ich in der Greifswalder-Gelehrten-Gesellschaft für Lutherforschung und neuzeitliche Geistesgeschichte am 10. Juni 1931 gehalten habe. Von Quellenbelegen und Literaturnachweisen mußte hier abgesehen werden, ich verweise hierfür auf die eingehende Darstellung in meiner Dogmengeschichte, Bd. III, 4. Aufl. (Mittelalter), sowie auf Bd. IV, (Luthers Lehre), von dem die 4. Auflage in Vorbereitung ist.

keit auf den jungen Luther richten. Aber dabei wird er bald finden, daß alle geistigen Motive und Mittel, welche der junge Luther angewendet hat, von bleibender Bedeutung für seine spätere Lehre gewesen sind. Es ist nur naturgemäß, daß sich ihm die ursprünglichen Ansätze später zu festen Formeln und zu geläufigen Prinzipien verdichtet haben. Bei wem, der wirklich über selbsterworbene Gedanken verfügt, wäre es anders? Es ist daher ein völlig abwegiges Urteil, von Verkalkung oder Verkümmerung der Gedanken bei dem späteren Luther zu reden. Das zeigt sich mit besonderer Deutlichkeit gerade bei seiner so oft angefochtenen späteren Abendmahlslehre, der man doch urwüchsige Eigenart nicht abstreiten kann.

Es war ein Zeitalter schwerster geistiger Krisis, in das Luther eintrat. „Es gehet eine neue Welt daher, die alte stirbet abe“, schrieb ein Zeitgenosse. Worin bestand das? Überall regte sich das Bewußtsein von der Eigenart und Freiheit der Persönlichkeit. Die subjektiven Geister drängten stürmisch empor und verlangten ihr Recht gegenüber den überlieferten Formen des objektiven Geistes. Wie in allen Zeiten des Subjektivismus regte sich dabei eine lebhafte Kritik an allem Überlieferten und Gegebenen. Sie richtete sich auf fast alle Lebensgebiete, auf die Religion wie auf die alten Sitten, auf das soziale Leben und auf die staatliche Ordnung. Dazu trat eine Hebung des nationalen Bewußtseins sowie ein neues Gefühl für das Wirkliche. Man strebte hinaus über die ideelle Essentialität zu einer konkreten Existentialität, man wollte die Lebenswirklichkeit selbst und individuell erfahren, man drängte zu einem lebendigen Leben, und die abstrakten Begriffsbilder von ihm genügten nicht mehr. Luther hat alle diese neuen Lebenstendenzen in seiner Weise miterlebt. Auch ihm ging es letztlich um erlebte Wirklichkeit, auch in seinen religiösen Kämpfen. Gerade darum verhielt er sich aber von vornherein ablehnend wider eine andere starke Tendenz der Zeit. Es ist der Rationalismus. Ihm widerstrebte in gleicher Weise eine rationalisierte Religion, wie sie Erasmus vertrat, wie die rationale Dogmatik des seit etwa zwei Menschenaltern in der Theologie wieder führenden Thomas von Aquino. Hieraus begreift sich seine leidenschaftliche Bekämpfung des Thomas, der ihm doch in einigen Lehren näher stand, als manche andere Scholastiker. Es war ihm unerträglich, wenn von Gott geredet wurde, wie der Schuster vom Leder spricht. Gott sollte nicht behandelt werden wie ein Objekt, über das wir unsere rationalen Meßschnüre werfen, denn er war für sein Empfinden immer nur wollendes Subjekt oder der lebendige Urgrund alles Lebens.

Das abendländische Christentum hat sich stets um den Begriff der Buße konzentriert. In der Buße liefen ja alle religiösen Grundbegriffe zusammen, die Sünde und ihre Schuld, Gott mit seiner Strafe und Gnade, der Glaube, die Reue und die Rechtfertigung, die kirchliche Autorität und die guten Werke. Es ist daher nicht wunderbar, daß die religiöse Krisis den einen ihrer Brennpunkte an dem Bußsakrament hatte und daß die Lösung der Krisis an diesem Punkte einsetzte. Quomodo inveniam deum placatum?, schrieb Johann v. Paltz, ein älterer Ordensbruder Luthers und „wie krieg ich einen gnädigen Gott?“ war Luthers tiefstes Anliegen in seinen Seelenkämpfen im Kloster.

Das war die Zeit mit ihren Erregungen und Bewegungen, die auch Luthers Seele im Tiefsten erfaßten. Sie gaben ihm Anstoß und Nötigung zum Ringen nach erlebter Wahrheit. Er ist daher nicht einer jener Sonderlinge gewesen, deren krause Gedanken man erst nach hundert Jahren versteht, oder auch mißversteht, aber freilich die Jahrhunderte nach ihm haben immer wieder auf allen Gebieten neue Anregungen von ihm empfangen, wie wir es ja jetzt wieder erfahren.

2.

Bevor wir nun im einzelnen die Gedankenwelt des jungen Luther auf ihre Beziehung zu den ihm aus der Theologie seiner Zeit gewordenen Anregungen hin prüfen, wollen wir in einigen großen Zügen die Geistesgeschichte, die in dieser Theologie mündete, uns vergegenwärtigen. Es handelt sich um die großartige Erscheinung der mittelalterlichen Scholastik.

Die Scholastik ist die wissenschaftliche Ausführung und Durchführung des von Augustin aufgestellten Programmes einer Vereinigung der offenbarten Wahrheiten der christlichen Religion mit der Weltanschauung einer idealistischen Philosophie. Nun kann aber dieser philosophische Einschlag entweder mehr, wie etwa bei Augustin selbst, in der Weise neuplatonischer oder platonischer Spekulation verstanden werden, oder aber mehr im Anschluß an Aristoteles als ein logisch rationaler Empirismus auftreten. Daß je nach der Verschiedenheit dieses Einschlages und der durch ihn bedingten Denkmethode sich auch das religiöse Verständnis der gegebenen Kirchenlehre differenzieren wird, ist begreiflich. So kommt man denn im ersten Fall zu einem spekulativen religiösen Idealismus, in dem zweiten Fall zu einem frommen Rationalismus, wobei in beiden Fällen die Geltung der Kirchenlehre aufrecht erhalten, wenn auch mit verschiedenen Mitteln begründet werden soll. Man denke etwa für die beiden Methoden an den spekulativen Anselm wie an den rationalistisch gerichteten Abälard.

Wie bekannt, rückt dann im 13. Jahrhundert auch inhaltlich der Aristotelismus immer mehr in den Vordergrund, aber trotzdem hält die franziskanische Theologie an der Metaphysik und dem Voluntarismus Augustins fest. Sie bildet daher einen besonderen philosophischen wie theologischen Typus aus. Heben wir einige Hauptzüge aus ihm hervor. Gott ist Licht und sein Licht durchleuchtet die Welt. Es ist in der Welt wie auch in der menschlichen Vernunft. Diese erschaut daher das Wesen der Dinge in ihrer transzendenten Einheit. Dazu kommt das besondere Gnadenlicht, vermöge dessen der Mensch auch Gott zu erkennen vermag. Wie nun aber Gott alles mit seinem Licht erfüllt, so bewegt er auch alles als der ewig lebendige Wille, und zwar so, daß das von ihm Bewegte sich selbst bewegt. So zieht es im Lebensdrang den Stoff zur Form und die Form zum Stoff. Das Mögliche drängt zur Wirklichkeit und die Verwirklichung bemächtigt sich des Möglichen. So ist alles Seiende von Gott und in ständiger dem ihm gesetzten Ziel entsprechender Selbstbewegung und zugleich des Sinnes und Zusammenhanges dieser Bewegung durch das göttliche Licht bewußt. Hieraus ergeben sich weltanschaulich wichtige Konsequenzen. Einmal, daß der sich selbst bewegende Mensch das facere quod in se est ausführt, um zur letzten Verwirklichung seines Wesens vermöge der göttlichen Gnadenform zu gelangen. Dann aber auch, daß das von Gott Verwirklichte, wie etwa die kirchliche Lehre und Ordnung, von unwandelbarer Geltung ist. Das ist der kirchliche Positivismus der Franziskaner, der zugleich ihren spekulativen Tendenzen eine Schranke setzt. Endlich versteht sich andererseits aus den Grundtrieben des Systems auch der Hang zu einer übernatürlichen und unmittelbaren mystischen Vereinigung mit Gott sowie das Streben nach aktiver persönlicher Heiligkeit und eine gewisse Bereitschaft auf kirchliche Reformideen einzugehen, ist doch der Mensch stets frei zum Ziel der letzten Vollendung. — Wie bei Augustin vereinigen sich in diesen Ideen neuplatonische spekulative Tendenzen — aus dem ewig Einen ist alles und zu ihm strebt alles — mit dem biblischen, aber mit neuplatonischer Teleologie versetzten Voluntarismus.

In mehrfachem Gegensatz zu diesem System steht die im Dominikanerorden herrschende Lehre des Thomas von Aquino. Sie versucht die überlieferten Dogmen in der augustinischen Fassung mit der aristotelischen Philosophie zu verbinden. Gott ist die erste Ursache, die alles in deterministischer Teleologie bestimmt. Der Intellekt gewinnt hiervon ein gewisses Verständnis auf Grund der empirischen Wahrnehmungen und deren logisch notwendigen Verknüpfungen. Indessen läßt sich auf diesem Wege keine über die Empirie hinausreichende religiöse Erkenntnis Gottes gewinnen. Diese kommt nur zustande, indem die Gedanken der Offenbarung zu der natürlichen Gottes- und Welterkenntnis hinzugefügt werden. Durch diese Ergänzung der natürlichen Erkenntnis durch die religiöse Erkenntnis soll ein einheitliches rationales System gewonnen werden. Wir brauchen auf diesen großartigen Versuch eines frommen Rationalismus hier nicht weiter einzugehen, da Luthers Lehre in keinem positiven Verhältnis zu ihr steht.

Eine neue Wendung tritt dann durch Duns Scotus ein. Er nimmt den alten franziskanischen Voluntarismus auf. Das allbestimmende Prinzip ist der grundlose göttliche Wille. Alles, was geschieht, geschieht, weil Gott es so will. Aber niemand vermag zu erkennen, warum er so will, wie er will.

Ebensowenig hat die Grundkraft des Menschen oder sein Wille einen vernünftigen Grund seines Wollens, abgesehen natürlich von dem metaphysischen Grund des allbestimmenden Gotteswillens. Der hierdurch bezeichnete Primat des Willens kann in verschiedener Weise gedeutet werden. Man kann etwa an den gesetzgebenden und Lohn wie Strafe verhängenden Gotteswillen denken (Gesetzesreligion). Man kann aber auch an das göttliche Wollen als das der Weltentwicklung immanente physische Bewegungsprinzip denken (Neuplatonismus). Und man kann endlich den göttlichen Willen rein geistig verstehen als die alles hervorbringende und gestaltende, formspendende Energie. Diesen Weg hat Duns Scotus gewählt. — Denkt man hierbei an die unendliche Fülle von Möglichkeiten, welche dem unendlichen Geistwillen an sich zu Gebote standen, so redet man von der potentia dei absoluta, das heißt, Gott konnte an sich alles ganz anders wollen und gestalten als er es wirklich gewollt und getan hat oder auch will und tut. Indessen dies ist nur eine spekulative Hypothese, die für die kritische Betrachtung von Bedeutung sein kann, wie wir sehen werden, aber für das positive Weltverständnis nichts austrägt. Dies hat sich vielmehr an die feste Ordnung zu halten, zu der Gott sein Wollen frei von Ewigkeit her bestimmt hat. Das ist die potentia dei ordinata. Diese Ordnung ist zwar von Gott nach seiner Willkür schlechthin frei gewollt, aber sofern Gott sie will, ist sie unveränderlich und konstant. Da sie aber in ihrem ganzen Umfang lediglich von Gottes Willen bedingt ist, hat sie nicht die Art einer an sich seienden Notwendigkeit, sondern sie ist in allen ihren Teilen kontingent, sofern von Gott gewollt. Sie muß daher freilich als Ordnung des schlechthin vernünftigen und guten Gottesgeistes auch Ausdruck der Vernunft und Güte Gottes sein. Aber damit ist keineswegs gesagt, daß sie als kontingente nicht auch Gesetze und Ereignisse in sich schließt, die der menschlichen Vernunft unzugänglich sind. Gott ändert also nichts in seinem ewigen Weltplan, an willkürliche Einfälle kann in keiner Weise hierbei gedacht werden, weil derartiges dem göttlichen Wesen nicht entspräche. Damit ist aber nicht gemeint, daß dieser Weltplan nach den Regeln des menschlichen Verstandes in allen seinen Teilen vorherbestimmt werden könne. Zwar wird die theoretische Vernunft immer darnach streben, die in dieser Ordnung maßgebenden Gesetze und Regeln nachdenkend zu erfassen und sie kommt dabei wirklich zur Erkenntnis rein geistiger Zusammenhänge in dem Weltgeschehen, wie die „Formalitäten" in den Universalien sie darbieten. Aber neben dieser rein theoretischen Betrachtung steht die positive der praktischen, dem Willen dienenden Vernunft. Sie hat es mit der Anwendung des positiv offenbarten göttlichen Willens auf die Richtung und Leitung des menschlichen Willenslebens zu tun. So tut sich allmählich eine Kluft auf zwischen dem theoretischen Weltverständnis und der religiösen Anschauung. Der kirchliche Positivismus der Franziskaner wird von Duns Scotus weitergebildet. Andrerseits wird aber der ältere franziskanische Voluntarismus, der noch vielfach neuplatonischen Elementen nahekam, von ihm in die rein geistige Sphäre erhoben.

Die Wendung, welche Duns Scotus der Philosophie und Theologie gegeben hatte, wurde dann aufgenommen und energisch weitergeführt durch Ockam und die sich ihm anschließende Schule der Nominalisten. Ockam ist radikaler Empirist. Alle Erkenntnis beruht auf der sinnlichen Erscheinung. Diese wird von dem sachlich rein passiven Verstande zu abstrakten Begriffen verarbeitet. Vermöge der Ähnlichkeit der Dinge kommt man zu umfassenden Gemeinbegriffen. Diese sind zwar rein subjektive Aussagen, haben aber an der empirischen Ähnlichkeit der Dinge untereinander eine gewisse reale Grundlage. Indem dann unter steter Kontrolle seitens der Empirie, die Begriffe logisch zusammengeordnet werden, kommt man zur Wissenschaft. Die Verstandeskategorie der Kausalität führt hierbei auf eine erste allbestimmende Ursache. Sofern diese geistig und zugleich allwirksam sein muß, kann sie nur als schlechthin freier Wille gedacht werden. Folglich muß alles Geschehen in der Welt kontingent sein. Und zwar unterscheidet Ockam hierbei, Duns Scotus folgend, die hypothetische potentia absoluta von der realen potentia ordinata. An letztere muß man sich halten, da die erste Ursache als vernünftiges Wesen einen in sich zusammenhängenden Weltplan fassen muß. Dagegen macht Ockam von der potentia absoluta reichlich Gebrauch zu kritischen Erwägungen. Jedes positive Urteil kann erschüttert und skeptisch aufgelöst werden durch die eigentlich nur hypothetische Annahme, daß Gott es auch ganz anders hätte wollen können. Von einer spekulativen Vernunftnotwendigkeit kann daher nie die Rede sein, die sinnliche Empirie ist die einzige Quelle sicherer Erkenntnis. Eine ungeheure Unruhe und eine fast pathologische Skepsis kommt dadurch in die Gedankenwelt Ockams, denn an sich wäre es immer möglich, daß der kontingent wirksame Gotteswille alles anders hätte wollen können als er es wirklich gewollt hat. Dadurch soll alle apriorische Spekulation über das an sich Notwendige oder Wirkliche erschüttert und der Geist immer wieder auf die Beobachtung des Wirklichen hingetrieben werden. Der aristotelische Empirismus wird also einerseits auf die Spitze getrieben, andererseits kommt ihm zu Hilfe die spekulative Idee von der unendlichen Möglichkeit. Gelten soll nur die endliche Wirklichkeit, aber sie stützt sich auf die unendliche Möglichkeit. Weil Gott das kontingent wirksame Prinzip aller Potenzialität ist, ist er auch das kontingent schaffende und regierende Prinzip aller Aktualität. Aber letzteres ist er gemäß seinem freien Wollen, ersteres hätte ihm die Möglichkeit zur Betätigung in anderen Formen der Aktualität gewährt. Nun ist aber Gott auch nach Ockam oder Duns actus purus, d. h. ohne jede Potenzialität. Also ist die Lehre von der ewigen Möglichkeit in Gott schließlich nichts anderes als eine unmögliche Hypothese. Wenn aber Ockam eine so lebhafte Vorliebe für diese Hypothese hat, so bedeutet das letztlich nur, daß er das alte franziskanisch-augustinisch-neuplatonische Empfinden von der Unendlichkeit der Vitalität Gottes teilt und dem innerhalb seines voluntaristischen Gottesgedankens Raum zu schaffen sucht, wie ähnlich es auch Luther gelegentlich tut.

Wenden wir uns nun weiter der Theologie Ockams zu, so ist eines zuvörderst klar. Die Theologie ist nicht Wissenschaft im eigentlichen Sinn, denn sie kann gemäß ihrem Objekt nicht die streng empiristisch-rationale Methode anwenden. Wohl kann ein Mensch sich die Grundwahrheiten verstandesmäßig aneignen (fides acquisita), aber dies ist noch nicht der wirkliche christliche Glaube. Dieser besteht vielmehr darin, daß ein Mensch die Gedanken, Gebote und Tatsachen der Bibel, so wie sie dastehen, als von Gott inspiriert annimmt und anerkennt. Dies wird ihm von Gott selbst eingegossen. Was er aber so überkommt, ist eine Summe vieler einzelner Tatsachen, Lehren und Satzungen. Diese bilden aber an sich keine Einheit. Sie nach wissenschaftlicher Methode zur Einheit zusammenzufassen, ist aber dadurch verwehrt, daß sie nicht durch unmittelbare Empirie erworben werden und daher auch der auf die sinnliche Erfahrung eingestellten Anwendung der logischen Kategorien widerstreben. Wir können also nur sagen, daß der christliche Glaube die von Gott eingeflößte und daher unfehlbare Überzeugung von der Wahrheit und Gültigkeit des Inhaltes der Bibel ist, mit dem übrigens im ganzen die ihn reproduzierende Kirchenlehre übereinkommt. Das ist also wieder der alte franziskanische kirchliche Positivismus, aber mit besonderer Hervorhebung der biblischen Autorität. — Zwei Feststellungen Ockams müssen hier im Hinblick auf Luther noch besonders hervorgehoben werden. Gott will die Menschen entweder nicht annehmen (Nonacceptatio) oder er will sie annehmen (Acceptatio). Das eine ist seine Strafe oder die Verdammung, das andere ist seine Gnade. Beides ist schlechthin Ausdruck seines kontingenten Willens. Auch der sündige Mensch ist als frei stets fähig von sich aus Gutes zu tun, auch Gott zu lieben und somit auch die volle tiefe Liebesreue (contritio) zu empfinden. Wenn Gott ihn trotzdem während einer langen geschichtlichen Periode in der Regel nicht annahm, so kann man nach Ockam vielleicht als Grund hierfür an eine seit Adams erster Sünde in der Menschheit aufgekommene improportio humorum denken. Wenn dann seit Christus für die Sünder, welche das facere quod in se est vollziehen, die acceptatio eintritt, so könnte man hierbei vielleicht daran denken, daß Gott die Nichtannahme nur bis zu einem bestimmten Termin festgesetzt hat oder aber sie nach dem Auftreten einer besonderen Person (Christus) hat aufheben wollen. Man sieht hieraus, wie sich die theologische Methode Ockams auch an den christlichen Grundlehren von der Sünde und der Gnade ausgewirkt hat. Angesichts dessen wird man doch nur mit allem Vorbehalt von einem „Paulinismus“ Ockams sprechen dürfen. Weiter muß aber daran erinnert werden, daß die späteren Ockamisten an diesen zentralen Punkten, soweit ihre Prinzipien dies erlaubten, die Fühlung mit der üblichen Kirchenlehre wieder zu gewinnen trachteten. So etwa der Luther wohlbekannte Gabriel Biel.

Die Bedeutung, welche die nominalistischen Lehren für Luther gehabt haben, wird sich uns später bei Kenntnisnahme seiner theologischen Anfänge ergeben. Zunächst müssen wir uns aber noch über die geistigen Motive der für das religiöse Leben und Denken weiter Kreise des ausgehenden Mittelalters so bedeutsamen deutschen Mystik orientieren. Daß Luther, der sich wohl als Schüler Ockams bezeichnen konnte, tiefste Anregungen aus der deutschen Mystik empfangen hat, ist unleugbar. An sie denkt er, wenn er einmal freudig erklärt, „daß die deutschen Theologen ohne Zweifel die besten Theologen seien“. — Nur einige Hauptzüge mögen hier aus der Grundanschauung dieser Theologie herausgehoben werden. Wir haben es dabei weniger mit den theoretischen Formeln zu tun als mit der geistigen Tendenz, die durch diese ihren — nicht immer zutreffenden — Ausdruck findet. Es ist eigentümlich, wie sich in dieser deutschen Mystik zwei Linien in dem Gottesbegriff verbinden. Gott wird unter dem Gesichtspunkt des Lebens als der, welcher alles bewegt und in allem wirksam ist, angesehen. Wie das junge Roß im Frühjahr über die Heide hinstürmt und allem sich anzupassen sich bemüht, so ist auch Gott als das Leben der Alldurchdringende. Aber Gott ist auch das transzendente absolute Sein, das doch wieder an allem Teil hat und in allem wirkt und zu dem über alle diese Erscheinungsformen hinweg es die Geister drängt zu letzter Vereinigung mit ihm, dem reinen Geist oder dem reinen Intellekt. Man sieht sofort, wie eng diese Gedanken mit der neuplatonischen Gottesidee zusammenhängen, wie besonders die franziskanische Mystik Bonaventuras sie an die Hand gab. Und doch hat man den Eindruck, daß hier die geistige Vitalität Gottes weit lebhafter empfunden wird als in dem Neuplatonismus. Mag auch das letzte Ziel die Einigung mit Gott als dem absoluten Sein in der übernatürlichen Schauung sein, so findet man Gottes

Leben doch auch in der Lebensbewegung der Welt und besonders des Menschengeistes. Wäre er nicht, so wären wir nicht und wären wir nicht, so wäre er nicht. Sein Leben wirkt sich aus in unserem Leben, sodaß wir aus dem von ihm ausgehenden Lebensdrang ohne alle rationalen Erwägungen handeln sunder warumbe. Aber dem Göttlichen zu folgen vermögen wir nur, wenn wir der Welt „entwerden". Doch das eine wie das andere wird nur erreicht auf dem Wege der Nachfolge Christi. Sein Kreuz löst uns von der sündhaften Begierde nach der Welt und sein Leben schafft in uns ein neues ewiges Leben. Und erst so wird das die Welt bewegende göttliche Leben unser Leben. Mag immerhin darüber hinaus eine ekstatische Schau des göttlichen Wesens liegen, so hat sie für die Wirklichkeit des Lebens doch nur eine geringe Bedeutung, wenn man auf das Ganze des neuen Lebens blickt. Es stimmt hierzu, wenn den offiziellen guten Werken nur eine geringe Bedeutung beigelegt, oder der Christ ermahnt wird, in dem Beruf oder Amt, das ihm zuteil wurde, den Ruf Gottes zu hören, dem man treu und gehorsam folgen soll. Die aktive Martha, die im Gehorsam gegen Gott ihren täglichen Beruf erfüllte, war mehr als die nur kontemplative Maria. Fragt man aber endlich, wie denn der Mensch dies von Gott in ihm gewirkte Leben erlange, so lautet die Antwort: durch Empfinden, Erfahren und Erleben. Das ist schließlich der Glaube, eine Empirie von dem Überempirischen, ein Erleben des Überweltlichen inmitten der Welt. Dies ist der letzte Sinn der deutschen mystischen Frömmigkeit. Man darf sich hierin nicht verwirren lassen durch die der Zeit entsprechenden philosophischen Spekulationen, theologischen Paradoxien und asketischen Übersteigerungen. Nicht in diesen lag die schaffende Lebenskraft dieser „deutschen Theologen".

Neben dem Ockamismus ist die Mystik die andere starke zeitgenössische Kraft gewesen, die in Luthers Frömmigkeit und Theologie in den Jahren seiner Entwicklung eingegriffen hat. Schon vor ihm hat ein großer Mensch die Kombination dieser beiden Strömungen seiner Zeit herzustellen versucht. Nikolaus von Kucs und Martin Luther stehen einander gegenüber, der Sohn des rheinischen Schiffers und der Sohn des Thüringer Bergmanns, der Anfänger einer neuen

Philosophie und der Begründer einer neuen Theologie, der Kardinal der römischen Kirche und der größte Gegner dieser Kirche. Beide Männer sind von dem Ockamismus ausgegangen und beide haben sich zugleich ihr ganzes Leben über auf der Flucht vor ihm befunden. Beide haben einen starken Eindruck von der Mystik empfangen und beide sind durch diesen in entscheidenden Punkten Gegner des Ockamismus geworden. Beide haben von dem „verborgenen Gott" gewußt, aber der Kusaner meinte ihn durch die Intuition der Einheit des Weltlebens als den erkennen zu können, der zu allem Seienden in dem Verhältnis des non aliud steht, während Luther ihn in der geschichtlichen Erscheinung Christi erfaßte. Jener war Philosoph und ließ sich von den neuplatonischen Motiven der Mystik und zugleich von dem humanistischen Verständnis derselben leiten, dieser war Theologe und behielt die ockamistische Betonung der Schriftautorität bei, begründete sie aber durch die unmittelbare religiöse Erfahrung der Willensbewegung in Sünde und Gnade. Die Problematik der Zeit, wie sie sich aus dem Beieinandersein der ockamistischen und der mystischen Tendenzen ergab, hat beide ergriffen, aber der eine suchte die Lösung in einem spekulativen Vernunftsystem, der andere in dem religiösen Glauben. Und beide stellten sich dabei auf einen anderen Boden als die wieder stark gewordene rationale Begründung der überlieferten Kirchenlehre ihn darbot. Beide erstrebten etwas Neues, der eine einen gereinigten philosophischen Idealismus, der andere eine gereinigte Theologie des Glaubens. Vielleicht haben Parallelen wie Differenzen in dem Denken und Streben der beiden großen Männer uns einen geeigneten Rückblick auf das geistige und religiöse Leben des ausgehenden Mittelalters geboten wie auch einen Ausblick auf die Aufgaben der Folgezeit.

3.

Es ist natürlich nicht möglich, eine zusammenhängende Darstellung der Lehre des jungen Luther im folgenden zu geben. Auch seine persönliche religiöse Entwicklung müssen wir in den Hauptzügen als bekannt voraussetzen. Uns handelt es sich hier nur um die Grundzüge seiner Gedankenbildung, und zwar besonders derer, welche eine Beziehung zu dem Ockamismus oder der Mystik anzunehmen nötigen. Dabei kann auch die Beziehung zu anderen theologischen Autoritäten, wie dem Lombarden, Thomas und vor allem Augustin und Paulus, nicht ausdrücklich erörtert werden.

Wir gehen dabei aus von Luthers Stellung zu der Autorität der Schrift. Diese Autorität ist ihm von vornherein etwas schlechthin Sicheres. Hier redet Gott selbst zu den Menschen, und die unbedingte Unterwerfung unter sein Wort ist heilige Pflicht der Gemeinden wie ihrer Leiter. Hier bewegt sich also Luther auf dem gleichen Boden wie der Ockamismus. Aber vom Anfang an treten dabei gewisse Differenzen zu Ockam scharf hervor. Die Schrift ist für Luther nicht ein Gesetzbuch, das einzelne Regeln hinsichtlich des Verhältnisses zwischen Gott und Mensch aufstellt, sondern sie ist eine in sich zusammenhängende lebendige Einheit, die dem Menschen ein einheitliches Verständnis Gottes wie der Menschen darbietet. Dies geschieht aber nicht etwa in der Weise einer autoritativen Belehrung, sondern der Geist Gottes, der die Schrift hervorgebracht hat, dringt durch ihre Worte in das Herz des Menschen ein und bewegt ihn zur inneren Annahme dieser Worte. Der Geist Gottes schafft also durch das Wort den Glauben in den Herzen. Die Schrift ist somit nicht nur das Objekt des durch die Sakramente dem Menschen eingegossenen Glaubens, sondern sie selbst erzeugt diesen Glauben durch die Kraft des in ihr wirksamen göttlichen Geistes. Diese Bewegung befähigt den Glauben aber in die tiefsten Beziehungen des Wortes einzudringen. Dazu hilft dem Glauben die Anwendung des vierfachen Schriftsinnes, den Luther in seinen Anfängen häufig braucht, um den verborgenen Sinn der Schrift zu erfassen. Sofern das Wort Gottes fordert, ist es Gesetz, sofern es eine lebendige Erfahrung von der Gnade wirkt, ist es Evangelium. Dies schließt aber nicht aus, daß das Gesetz auf das Evangelium innerlich vorbereitet und das Evangelium selbst zur inneren Zucht des Menschen ihn auch unter Kreuz und Strafen stellt. — Die Überlegenheit dieser Anschauung über die Ockams bedarf keiner weiteren Begründung. Hier sagt die Schrift nicht nur, was gut und böse ist, sondern ihre Worte sind

Mittel des Gottesgeistes, vermöge deren er das Böse überwindet und das Gute im Menschen schafft. Das ist eine andere Wendung in dem Verhältnis von Geist und Wort als die von der spätmittelalterlichen Inspirationstheorie dargebotene.

Wir wenden uns dem Gottesgedanken bei Luther zu. Gott ist für Luther nicht eine rationale Konsequenz aus der Ordnung des Weltzusammenhanges, sondern eine allen gemeinsame Idee, die ihre konkreten Züge aus der Beobachtung der Gotteswirkungen in der Welt und ihrer Geschichte gewinnt. Gott ist der alles frei bewirkende und bewegende Wille. Die von ihm gewirkte Weltordnung ist daher kontingent nach ihrem Ursprung, notwendig aber in ihrer Durchführung durch Gott. Gott ist als das Leben in allem Lebendigen wirksam und gegenwärtig. In diesen Wirkungen oder in seiner potentia ordinata vermögen wir ihn zu erkennen, sofern er sich darin erkennen lassen will. Eine Erkenntnis seines ganzen Wesens, wie die areopagitische Mystik sie erstrebte, ist nach Luther für uns wegen der Sünde unerreichbar. Gott bleibt in seinem Wesen für uns der „verborgene Gott". Nur insoweit dürfen wir von ihm etwas aussagen, als wir ihn in seinem Wirken in der Welt wahrzunehmen vermögen. Aber hierzu kommt die Offenbarung in Jesus Christus. Könnte man aus der bloßen Weltbetrachtung leicht auch zu dem Gedanken eines schrecklichen Gottes geführt werden, so leuchtet uns aus den geschichtlichen Worten und Werken Christi die Liebe und Gnade Gottes entgegen. Das ist die Bedeutung der Menschwerdung Gottes in Christus. Die Menschheit Jesu ist die Jakobsleiter, die uns zu Gott emporsteigen läßt. Zu dieser Liebe Gottes gehört aber auch seine Weisheit und Treue. So hält er den „Pakt", den er mit der Menschheit schließt, ein und regiert demgemäß die Kirche. Aber wenn auch so eine neue Seite des göttlichen Wesens, nämlich daß er „eitel Liebe" ist, den Christen offenbar wird, so bleibt er trotzdem auch so noch für die Welt der verborgene Gott, denn sein Wirken ist eingehüllt in die Geschichte des Menschen Jesus und niemand vermag zu erkennen, warum er die einen zum Heil prädestiniert hat und die andern nicht.

Vergleicht man diese Gotteslehre mit der Ockams, so ist der Zusammenhang zwischen beiden unverkennbar. Er besteht zunächst in der Ablehnung einer spekulativen oder intuitiven Gotteserkenntnis, sodann in der Betonung der Kontingenz des göttlichen Willens, endlich auch in der Beschränkung der Gotteserkenntnis auf die Sphäre seines Wirkens. Wenn nun aber Ockam aus letzterem Gottes Sein auf rationalem Wege herleitet und es im übrigen durch die Autorität der Bibel bezeugt sein läßt, so ist für Luther das Sein Gottes von vornherein dem Menschen gewiß. Dazu kommt dann, ähnlich wie bei Ockam, die Beobachtung der Ordnung in der Welt. Aber die eigentliche Quelle der religiösen Erkenntnis Gottes ist nicht wie bei Ockam die biblische Lehre als solche, sondern die in der Erscheinung, in dem Wort und Wirken Christi sich offenbarende, wirksame göttliche Liebe. Es gibt also bei Luther so wenig als bei Ockam eine spekulative Gotteserkenntnis und auch das Wesen Gottes in seiner metaphysischen Art läßt sich nicht erkennen. Dagegen soll bei Luther die religiöse Erkenntnis Gottes sich aus Christi Erscheinung und Wirken in ihrer ganzen Tiefe gewinnen lassen. Nimmt man hinzu, daß letzteres durch die Wirkung des göttlichen Geistes im Wort geschieht, so begreifen wir, daß diese Erkenntnis durch ein inneres Erleben der in Christus wirksamen Gnade vermittelt ist. Es ist eine überempirische Empirie von Gott, die zu der empirischen Beobachtung seines Wirkens in Natur und allgemeiner Geschichte vollendend hinzutritt. Dazu kommt weiter die Hervorhebung des lebendigen Wirkens Gottes in dem natürlichen wie religiösen Leben. Trotz des von Ockam wie Luther gemeinsam vertretenen Voluntarismus und der freien Kontingenz des göttlichen Wirkens ist die Gotteslehre beider doch im Tiefsten von einander verschieden, denn die Erkenntnis des Gottes der Gnade ist bei Luther nicht bloß auf eine autoritative historische Urkunde begründet, sondern auf die fortwirkende Liebesenergie einer historischen Persönlichkeit, die als fortwirkend zu allen Zeiten die Menschen durchdringt und von ihnen empirisch erlebt wird. Die Fähigkeit geschichtlichen Empfindens ist bei Luther weit tiefer gewesen als bei Ockam und sein Verständnis des religiösen Lebens war von dem

Ockams völlig verschieden. Wir müssen hierauf bei dem Glaubensbegriff Luthers zurückkommen.

Noch eines bedarf hier der Erwägung. Die in der Welt und ebenso in dem Glauben erfaßte Kausalität Gottes hat bei Luther eine völlig andere Art als bei Ockam. Bei Luther ist in beiden Fällen der wirksame Wille als persönlich und lebendig wirksam empfunden, die Kontingenz des göttlichen Willens ist für ihn eine fortgehende Auswirkung der göttlichen personhaften Vitalität. Dies ist Ausdruck einer anderen inneren Stellung zu Gott als sie bei Ockam erreicht wird, die eben Gott nur als wollende Ursache oder als autoritativ übermittelten Begriff kennt. Dabei liegt es aber bei Luther keineswegs so, als wenn die göttliche Vitalität ein Moment der Veränderlichkeit in den Gottesbegriff hineinbrächte, sondern wie Ockam hält er durchaus an der Konstanz des göttlichen Welt- und Heilsplanes fest, was ja in keiner Weise die Lebendigkeit Gottes zu beschränken braucht. Die Betonung letzterer wird Luther einmal durch die biblischen Vorstellungen, dann aber auch aus der mystischen Denkweise zugeflossen sein (vgl. oben S. 12). Dagegen hat er zu der neuplatonischen Zuspitzung der Gottesidee in der Mystik nie eine tiefere Neigung gehabt.

So mannigfach Luthers Beziehungen zu der ockamistischen Gottesidee sind, so schroff ist seine Abweisung der Sündenlehre der „Sautheologen“. Von den beiden Elementen der überlieferten Sündenlehre, der carentia iustitiae debitae und der concupiscentia, betont er in steigendem Maße die Konkupiszenz. Die Sünde des Menschen ist eine verkehrte selbstsüchtige Willensrichtung und Affektbewegung, die zum Ziel die Lust an der Welt und ihrem Wesen hat. Sie ist daher eine „unüberwindliche Konkupiszenz“ oder eine pronitas ad malum. Oder die Sünde ist fleischlicher Sinn und der Sünder ist „Fleisch“. Das will im Sinne Luthers nicht bedeuten, daß das Fleisch an sich böse oder die Sünde Sinnlichkeit sei. Die Sünde ist ihrem Wesen nach eine Richtung des geistigen Willens. Indem dieser aber sich von den Interessen und der Lust der niederen Seite des Menschen gefangen nehmen läßt, wird seine Richtungnahme von dieser bestimmt und daher kann der ganze Mensch als Sünder „Fleisch“ genannt werden, wie er andererseits ohne jede physische Veränderung, wenn der göttliche Geist in ihm die Richtung auf das Göttliche und Geistige wiederherstellt, als „Geist" bezeichnet werden kann. Die Bezeichnung der Sünde als Fleischlichkeit ist also bei Luther nicht in der Weise eines physischen oder auch metaphysischen Dualismus aufzufassen. Im Gegensatz zu Ockam ist die Sünde eine wirkliche Richtung im Menschen, nicht nur eine für eine bestimmte Zeit von Gott gewollte Nichtannahme der Menschheit. Hiermit steht es in Zusammenhang, daß die Sünde Erbsünde ist, d. h. auf dem Wege der Zeugung von den Eltern auf die Kinder übergeht. Luther folgt hiermit Augustin sowie Gregor von Rimini, einem Lehrer seines Ordens, wenngleich er nicht so stark wie letzterer im Fleisch als solchem die Ursache der Fortpflanzung der Sünde erblickt. Gemäß seinem Verständnis des biblischen Fleischgedankens denkt er an eine Forterbung des niederen fleischlichen Sinnes als der lebendigen Potenz zum Bösen, die dann in dem einzelnen zur persönlich gewollten Wirklichkeit wird. Dies geschieht aber mit einer von Gott geordneten Notwendigkeit. Diese objektive necessitas ist jedoch keine coactio, sondern sie wird subjektiv wirklich durch das eigene Wollen des Menschen. So versteht es sich, daß der Wille des Menschen ein servum arbitrium ist, aber zugleich die Sünde des Menschen als selbstgewollt Schuld ist. Die Schuld ist also nicht nur ein zeitweiliges gottgewolltes Verhängnis, sondern sie bleibt in der Menschheit als eine Folge ihres bösen Selbstwollens. So trennt sie den Menschen von Gott. Der ihr zu Grunde liegenden Weltzugewandtheit oder der Begierde korrespondiert dann konsequent die Gottabgewandtheit oder der Unglaube. Oder der Unglaube ist der eigentliche Grund der sündhaften Begierde. Diese das ganze Leben bestimmende Loslösung von Gott hat aber zur Kehrseite, daß der Mensch von Gott verlassen ist oder unter dem göttlichen Zorn steht. Darin besteht nach Luther das Wesen des göttlichen Zornes, so sehr der Mensch naturgemäß dabei an allerhand positive, von Gott verhängte Qualen und Plagen denken wird. Das ist tief in Luthers Gesamtanschauung begründet, wie wir später sehen werden. — Soviel ist aber deutlich, wenn wir auf die ganze Sündenlehre Luthers zurückblicken, daß sie sich in ihrer Gesamtrichtung in striktem Gegensatz zu Ockam befindet. Nach Luther kann unmöglich von dem Sünder gesagt werden, daß er zu allem Guten und so auch zu der Liebe zu Gott jederzeit fähig ist, und daß somit die Imputation der Schuld nur eine willkürliche zeitweilige Ordnung Gottes ist. Gewiß ist auch nach ihm die Anrechnung der Schuld eine frei verfügte Ordnung Gottes, aber diese Ordnung ist zugleich empirisch an dem Zustand der Menschheit wahrnehmbar, wenn auch nur für den, der den entgegengesetzten Zustand ebenfalls kennt. Beziehungen zu spezifisch mystischen Auffassungen sind in der Sündenlehre Luthers kaum wahrzunehmen, wie schon aus seiner andersartigen Auffassung des „Fleisches" hervorgeht.

Wir gehen weiter über zu der von Luther, zumal in seinen Anfängen, so stark hervorgehobenen Kreuzestheologie. Der Gedanke geht letztlich natürlich auf Paulus zurück. Das Marterwerkzeug ist zu einem tiefsinnigen Symbol der Unerforschlichkeit der Wege Gottes geworden, der die Geschichte so ganz anders gestaltet als es sich die Weisheit der Menschen vorstellen würde. Die Gotteswege und die Menschenwege durchkreuzen einander daher fortwährend. Daher ist der Christ der Welt gekreuzigt, wie die Welt es für ihn ist. Die Luther geläufige Idee der Kontingenz der göttlichen Ordnung konnte sich diesen Gedanken leicht aneignen, denn in ihm fand die schlechthinige Erhabenheit des göttlichen Weltplanes über alle rationalen Erwägungen der Menschen ihren treffendsten Ausdruck. Die Verborgenheit des göttlichen Willens tritt nirgends so deutlich hervor als in der Geschichte, in welcher er sein tiefstes Wesen der Menschheit offenbart. Gott offenbart sich, aber so, daß die vernünftigen Menschen den Träger seiner Offenbarung totschlagen. Und wie er Christus vermöge des Todes durch die Welt zum Sieger über die Welt macht, so müssen die, welche an diesem Siege teilnehmen, in dieser Welt das Kreuz tragen, das die Welt ihnen auflegt und gerade hierdurch und hierin innerlich von der Welt frei und Sieger über sie werden. Das ist aber nicht etwa so gemeint, als wenn der Mensch durch die treue Nachahmung Christi sich ein Verdienst erwirbt, durch das er an seinem Siege teilgewinnt. Der

Gedanke ist vielmehr der, daß der von Christus ergriffene Mensch nur dadurch wirklich von der Welt und ihrer Sünde frei wird, daß er des völligen Gegensatzes der Welt zu Christus und seinem Wege in dem Leiden, das die Welt auch ihm antut, inne wird und dadurch zur Lösung von der Welt und ihrer Art innerlich bewegt wird. Was Teufel und Welt aus Bosheit den Christusjüngern antun, wird, aller menschlichen Weisheit widersprechend, zu einem gnädigen Erziehungsmittel in der Hand Gottes, indem sie so ganz auf Christus gewiesen werden und über Teufel, Welt und Fleisch siegen.

Es ist dieselbe eigenartige Kombination, wie sie uns schon bei der Sünde begegnet: Gottes bestimmender Wille gibt allem Richtung und Wesen, aber dies wird existentiell nicht anders als in dem freien menschlichen Wollen oder im Glauben. Daß alles durch Gottes kontigente Ordnung bedingt ist, ist ein ockamistischer Gedanke, der dann von Luther auf die Kreuzestheorie angewandt wird. Während aber Ockam die konkrete Verwirklichung des Gotteswillens durch einzelne frei gewählte Akte des menschlichen Willens eintreten läßt, ist für Luther mit dem göttlichen zugleich das menschliche Wollen gesetzt, indem das, was durch jenes wesenhaft wirklich ist, durch dieses konkret wirklich wird. So steht es mit der göttlichen Anrechnung der Schuld des Menschen und der wirklichen Schuldhaftigkeit des Menschen und so auch mit der erlösenden Kraft des Kreuzes und dem Leben unter dem Kreuz. Im übrigen muß hervorgehoben werden, daß diese Zusammenfassung des ganzen Christentums unter dm Gesichtspunkt des Kreuzes bei Luther wohl sicher durch die zentrale Stellung bedingt ist, welche die Mystiker dem Kreuz als dem gestaltenden Prinzip des christlichen Lebens — nicht nur als einem Mittel zur Versöhnung Gottes — gaben. Die Nachfolge Christi unter dem Kreuz war auch für sie die umfassende Formel für die christliche Frömmigkeit. Aber diese Formel erschöpft bei den Mystikern — wenigstens in der Theorie — nicht, wie bei Luther, die Frömmigkeit, da das ekstatische Gottschauen über sie hinaus weist. Man kann also nicht sagen, daß Luther die mystischen Gedanken einfach reproduziert hat. Er hat ihnen nicht nur die erwähnte Spitze abgebrochen, sondern auch ihren Ausgangspunkt seinerseits mit der ockamistischen Kontingenzidee verknüpft. Das ist ein ausgezeichnetes Beispiel dafür, wie Luther seine Eigenart behielt, auch wenn er von beiden Seiten her Anregungen empfing.

Wir dringen weiter zu dem Zentrum der Lehre Luthers vor, indem wir seine ursprünglichen Gedanken über Gnade und Rechtfertigung zusammenfassen. Zunächst muß darauf hingewiesen werden, daß, wenn Luther von Gnade spricht, er nicht an eine gratia creata oder habitualis oder infusa denkt, sondern lediglich an die gratia actualis. Gnade vollzieht sich also in wirksamen göttlichen Akten und ist nicht etwa eine in dem Menschen durch die sakramentale Vermittlung erschaffene neue Qualität. Die Gnade ist also der Wille Gottes, die sündige Menschheit oder doch bestimmte Personen in ihr, vermöge der neuen, durch Christus offenbarten und bewirkten Ordnung zu erlösen. Hat Gott bisher regelmäßig Sünde zur Strafe angerechnet, so soll es von nun an Sündenvergebung oder Anrechnung der Gerechtigkeit Christi geben. Gott will also Sündenvergebung eintreten lassen, aber so, daß ihm zuvor eine Satisfaktion durch das unschuldige Leiden Christi dargebracht wird. Letzteres tritt aber nicht als eine rationale Notwendigkeit wie bei Anselm ein, sondern ist eine freie Verfügung des göttlichen Willens, wie Luther jetzt wie auch später lehrt. Das neue Prinzip der Sündenvergebung ist also durch Christus geschichtlich geworden. Dieses neue Prinzip faßt aber in sich, daß Gott, sofern er Sünde vergibt oder nicht mehr zurechnet, den Menschen wieder zu dem Zustand führen will, in dem er sich vor dem Sündenfall befand. Wie durch Christus die Sündenvergebung historisch wird, so wird durch ihn und den von ihm gesandten heiligen Geist auch die positive Erneuerung der Menschheit bewirkt. Dies ist die iustificatio oder vivificatio, d. h. die gerechtmachende und neubelebende Wirkung des neuen Prinzips der Sündenvergebung. Das kann aber nach Luthers Grundanschauung nur gedacht werden, sofern es in einer dem Menschen passiv angetanen, aber sich aktiv frei verwirklichenden Lebensbewegung erfolgt. Dies ist aber der Glaube samt der mit ihm eng verknüpften Liebe. Dabei sind die Gnadenwirkungen stets neue Gottesakte, stellen aber

— anders als bei Ockam — eine zusammenhängende Reihe dar, da die früheren Gnadenakte, sofern von dem Menschen aufgenommen, mit dem neuen Akt kooperieren. Eine subjektive Vorbereitung, im Sinne des facere quod in se est, auf das Eingreifen der Gnade gibt es nicht, wie Luther bald erkannt hat. Die einzige Vorbereitung auf die Gnade ist die göttliche Prädestination. Wo aber Glaube ist oder die Gnade in Wirkung ist, verwirklicht sich die Prädestination an dem Menschen.

Dies ist die Rechtfertigung im Sinne Luthers. Sie ist ein von Gott gewirkter Lebensprozeß, der sich vermöge des Glaubens in dem Menschen subjektiv verwirklicht oder existentiell wird. Da aber der Mensch vermöge der überkommenen Grundrichtung immer Sünder bleibt, ist der Bruch mit dieser Richtung im Schmerz der Reue oder unter der Zucht des Kreuzes für ihn eine dauernde Lebensnotwendigkeit. Aber auch diese von dem Glaubensleben untrennbare Reue wird dem Menschen eben durch den Glauben von Gott gegeben, verwirklicht sich aber nie im Menschen anders als in der Form eigenen Empfindens und Wollens. Der Mensch ist also in dem Lebensprozeß der Rechtfertigung passiv und aktiv zugleich, u. zw. in dem Maße aktiv als er passiv ist, denn nur sofern Gott auf ihn wirkt oder er passiv wird, vermag er seinerseits aktiv zu werden, wie andererseits Gottes Wirkung auf ihn keine Wirkung wäre, wenn sie sich nicht in selbstgewollte Aktivität umsetzte. So wird also der Mensch von Gott *gerecht gemacht*. Die Gerechtigkeit ist somit nicht eine dem Menschen eingeflößte neue Qualität, sondern sie ist eine Gabe oder eine Wirkung Gottes, die sich aber nur verwirklicht in dem durch sie neuorientierten geistigen Leben und Wollen des Menschen, in welchem im übrigen das alte Wollen nie ganz ausgerottet ist, sondern fortgesetzt in der von Gott gegebenen Kraft des neuen Wollens bekämpft und überwunden werden muß. Da aber dieser Prozeß getragen wird von dem wirksamen Gnadenwillen Gottes in Christus, so ist sein Ausgang als die definitive Vollendung der von Gott geschenkten Gerechtigkeit sicher. Sofern nun Gott diese von Christus ausgehende Gerechtigkeit den Menschen, die sie im Glauben annehmen und daher ihrer Vollendung zustreben, anrechnet (imputare), sieht er sie für gerecht an (reputare). Daher gilt von dem Christen: simul peccator et iustus oder: semper in peccato, in iustificatione, in iustitia, i. e. semper peccator, semper poenitens, semper iustus.

Nun wird aber gegen meine Deutung der Rechtfertigungslehre Luthers eingewandt, daß in ihr die Vergebung der Sünden zu kurz komme. Aber dies Urteil beweist nur ein völliges Mißverstehen des feinen Gedankenzusammenhanges bei Luther. Die Voraussetzung des ganzen Gnadenwerkes Christi ist doch die Bereitschaft Gottes, allen denen, die es im Glauben annehmen, die Sünden zu vergeben. Folglich ist kein Glaubensakt und keine erlebte Gnadenwirkung im Sinne Luthers vorstellbar, ohne daß hiermit zugleich das Bewußtsein von der Vergebung erweckt würde, zumal wenn man die stetige im Menschen vorhandene Schuldhaftigkeit mitheranzieht, wie es durch die Simultaneität von Sünde und Gerechtigkeit veranschaulicht wird. Das Bewußtsein der Sündenvergebung erwächst also nicht bloß aus einer Reflexion über Christi Satisfaktion, wie etwa bei Melanchthon, sondern es ist ein inneres Erleben, das notwendig durch jede Gnadenwirkung geweckt wird, denn jede Gnadenwirkung an dem Sünder ist ja nichts anderes als Betätigung und Erweis des die ganze Erlösung tragenden Prinzips der Sündenvergebung. Gäbe es keine Sündenvergebung, so gäbe es für Sünder keine Gnade, und erlebt der Sünder Gnade, so empfängt er mit ihr zugleich Vergebung seiner Sünde. Da zudem jede Gnadenwirkung einer offenbaren oder auch latenten sündhaften Tendenz entgegenwirkt und sie dadurch zu Bewußtsein bringt, so wird auch immer mit ihr das Bewußtsein der Vergebung verknüpft sein. Jener Einwand wider unser Verständnis der Rechtfertigungslehre Luthers ist daher unbegründet.

Wir müssen endlich fragen, ob und wie die dargestellte Lehre zu dem Ockamismus Beziehung hat. Luther und Ockam ist gemeinsam der paulinische Gedanke, daß durch Christus eine neue Ordnung Gottes in der Welt offenbar wird, in welcher er die früher von ihm nicht angenommenen Menschen um Christi willen annehmen will. Wie nun aber Ockam von einem einheitlichen und konkreten Sündenleben nichts weiß, so hat er dementsprechend auch keine originale Vorstellung von dem die Sünde wirklich überwindenden Gnadenwirken Gottes. Er kommt zwar mit Luther darin überein, daß das eigentliche Prinzip der Erlösung in der Nichtzurechnung der Sünde besteht. Ebenso betont er die Prädestination als den Grund der Erlösung bestimmter Personen und spricht wohl auch von einem necessitare des menschlichen freien Willens durch Gott. Aber wie er schon hierbei in das Schwanken gerät, so hält er auch eine eigene Vorbereitung des Menschen auf den Gnadenempfang für notwendig und vertritt die Meinung, daß Gott regulariter nur denen die Sündenvergebung gewährt, welchen in den Sakramenten die Gnade eingegossen wird. Die feinen Beobachtungen Luthers von den erneuernden Willensimpulsen Christi oder des Geistes durch das Wort sind ihm ebenso fremd wie die Erkenntnis von der Kontinuität des aktualen Gnadenwirkens. Er kennt eben keine religiöse Erfahrung und keine sich entfaltende Einheit des religiösen und sittlichen Lebens. Er kennt nur das Prinzip der Nichtanrechnung der Schuld und die positivistische Forderung, sich der kirchlichen Ordnung zu unterwerfen, was im übrigen jeder kann vermöge seiner intakten Willensfreiheit. Vollends lag ihm das Problem Luthers fern, wie die selbstgewollte Unterwerfung des sündigen Menschen unter den Willen Gottes mit der Alleinwirksamkeit der Gnade vereint werde vermöge des religiösen Glaubens. Was die alten Franziskaner einst so lebhaft beschäftigte, wie nämlich die Gnade und der lebendige freie Wille des Menschen zusammenzuordnen seien, das hat Luther ergriffen und dadurch beantwortet, daß der menschliche Wille nicht relativ frei neben dem göttlichen Willen will und wirkt, sondern daß er in dem göttlichen Willen und durch ihn selbst will. Das weist letztlich natürlich auf augustinische Impulse zurück, wird aber auch mit der durch die Mystik entwickelten religiösen Psychologie zusammenhängen sowie mit dem mystischen Bestreben, das Zusammenkommen Gottes und der freien Seele nicht nur vermöge der sakramentalen Mittel oder der kirchlichen Formeln einigermaßen zu erklären, sondern sie in geistiger Wirklichkeit zu erfahren und zu erleben. Doch davon wird weiterhin zu reden sein.

Wir wollen zuvor von Luthers Verständnis des religiösen Glaubens ein Wort sagen. Wir sind ja in dem Bisherigen schon mehrfach auf diesen Begriff geführt worden. Zunächst ist aus dem Vorstehenden eines klar. Der Glaube ist das eigentümliche Zusammenfallen von Passivität und Aktivität in dem Verhältnis des Menschen zu Gott. Der schlechthin aktive Gotteswille versetzt alles, worauf sein Wirken sich richtet, in einen Zustand reiner Passivität, aber dies geschieht bei den geistigen Wesen so, daß das, was Gott hinsichtlich ihrer will, in einer ihrer gottgegebenen Anlage entsprechenden freien Kooperation verwirklicht wird. Das kann aber nur geschehen, sofern sie durch den göttlichen Willen hierzu genötigt werden, was aber keineswegs bedeutet, daß ihre einzelnen Akte im Widerspruch zu ihrer geistigen Art von Gott zwangsweise gewirkt werden. Es handelt sich also um eine willentliche Rezeption dessen, was der allwirksame Gotteswille in ihnen so will, daß sie es selbst, und zwar im Gegensatz zu dem, was sie bisher gewollt haben, wollen. Dies ist aber ein rein geistiger Vorgang, der durch das Wort als das Urmittel aller geistigen Kommunikation vermöge des in ihm wirksamen Gottesgeistes allein veranlaßt und dem entsprechend von dem Menschengeist willentlich bejaht wird. Zur Wirklichkeit dieses Vorganges gehört also sowohl die aktive Bewegung, die Gott durch das Wort in dem Menschengeist vollzieht als auch die dadurch veranlaßte oder rezeptive Selbstbewegung des Menschengeistes, welche somit wie jede in einem Geist gewirkte Bewegung zugleich passiv und aktiv, das heißt rezeptiv ist. Wäre diese Bewegung nicht von Gott gewirkt, so wäre sie in dem richtungsmäßig wider Gott gewandten sündigen Menschenwillen unmöglich, und vollzöge sie sich nicht in dem Menschenwillen und durch ihn, so wäre sie nicht wirklich. Es ist also keineswegs so, als wenn der Menschengeist ein Hohlraum, in dem das Wort hin- und hergeworfen wird, wäre, sondern das Wort wird alsbald verbunden und geeint mit der ganzen geistigen Vitalität des Menschen, es durchdringt sie belebend und wird von ihr in neue Lebensregungen umgesetzt, es treibt sie unausgesetzt an und wird von ihr und ihren Kräften getragen. Der Glaube ist somit ein Lebensprozeß, der seinen Grund an dem Wort und dem Geist hat und seine reale Verwirklichung in der Menschenseele und ihren Kräften vollzieht.

Man muß dies verstehen, wenn man den Sinn des Glaubens bei Luther und damit zugleich den letzten Sinn seiner Theologie überhaupt begreifen will. Man denke nur daran, was wir über Luthers Anschauung von der Rechtfertigung oder über seinen Gottesbegriff hörten. Nie handelt es sich ihm bei dem Glauben um ein verstandesmäßiges Anerkennen einer Lehre, sondern immer um eine von Gott oder seinem Wort gewirkte Bewegung und Umstellung des ganzen inneren Lebens, so auch besonders in seiner Auffassung der Rechtfertigung. Glaube ist also bei Luther jetzt wie später ein Empfangen und Hinnehmen Gottes und seiner Gaben im Worte, ein Erleben des Gnadenwillens in seinen mannigfachen Wirkungen, ein Erfahren und Haben des im Wort erlebten gnädigen Gottes. Derartige Wendungen sind bei Luther überaus häufig und sie bringen in der Tat sehr deutlich zum Ausdruck, um was es ihm geht, wenn er von dem Glauben spricht. Demgemäß fallen auch die gelegentlichen Bestimmungen des psychologischen Ortes des Glaubens in der Seele aus. Hauptsächlich ist dabei gemäß dem früher Gesagten natürlich an den Willen sowie an die mit ihm eng zusammenhängenden Affekte zu denken. Es kann aber auch nicht wundernehmen, wenn Luther dem Glauben ebenso in der Vernunft oder dem Bewußtsein den Platz anweist, ist doch die willentliche Hinnahme einer geistigen Gabe, ohne daß sie auch Bewußtseinsinhalt wird, undenkbar. Wie hierbei die Glaubensakte zu einem geistigen Zustand zusammengefaßt werden, so ist es auch der Fall mit der bei Luther häufigen Bezeichnung des Glaubens als Vertrauen. Wenn nämlich der Mensch von Gott in den Prozeß der Rechtfertigung versetzt wird, dessen Vollendung erst in der Ewigkeit eintreten soll, und in diesem Prozeß fortdauernd erfährt, daß Gott die in dem Prinzip der Sündenvergebung beschlossenen Gnadenerweisungen trotz aller Sünden immer wieder eintreten läßt, so werden die einzelnen hierdurch bewirkten Glaubensakte sich zu einem Gefühl des Vertrauens oder der Hoffnung auf Gott vereinigen, nämlich daß Gott seine Verheißung erfüllen und sein Gnadenwerk trotz aller Sünde vollenden wird. Dies ist dann das Vertrauen, das durchaus sachentsprechend die innere Gesamthaltung des gläubigen Menschen zur Rechtfertigung zum Ausdruck bringt, sofern es seine Stellung zur Fortdauer der Sündenvergebung wie der Gerechtmachung umfassend bezeichnet. Daraus begreift es sich, daß Luther nicht selten den Sinn des Glaubens auch im Zusammenhang der Rechtfertigungslehre als Vertrauen kennzeichnet. Aber durch diesen abschließenden und zusammenfassenden Ausdruck wird das, was wir über die Eigenart der Glaubensakte gesagt haben, nicht geändert sondern nur bestätigt, daß die Vertrauensstimmung nur als Niederschlag aus den erfahrenen Gnadenerweisungen entstehen kann.

Wir dürfen uns aber nicht zu sehr in die Einzelheiten verlieren. Doch muß noch, ehe wir die geistesgeschichtliche Stellung von Luthers Glaubensbegriff untersuchen, eine eigentümliche Ineinssetzung des göttlichen Faktors mit dem menschlichen in diesem Begriff erwogen werden. Einige Stellen mögen zunächst uns das Problem zu Bewußtsein bringen. Sicut credit unusquisque, sic fit ei. — Si credideris te accipere, habes; tantum habes, quantum credis. Oder aus späterer Zeit: sicut cogitas, ita fit; si credis deum iratum, habes; si potes credere quod ei „beneplacitum" etc., tum habes. Endlich: alleine das trawen und gleuben des hertzens das machet beide, Gott und abe Gott. Diese Sätze besagen also, daß Gott nur so und insoweit für den Menschen existiert, wie und sofern dieser ihn erfaßt. Dann ist aber auch das, was der Mensch von Gott denkt, das entsprechende Abbild Gottes, d. h. wie der Mensch es denkt, so ist Gott für ihn und so wird er mit ihm handeln. Dies ist nicht etwa eine gelegentliche Paradoxie, sondern ein oft ausgesprochener Grundsatz, der auch praktisch angewandt wird. Das zeigt sich schon früh in der Psalmenerklärung, wenn sie „tropologisch" eine Aussage von Gott dem durch Gott gewirkten menschlichen Tun gleichsetzt. So wird dann auch die Gnade mit dem Glauben oder der Liebe, die iustitia gratiae mit der iustitia fidei oder das Gottverlassen mit dem von Gott Verlassensein (oben S. 19) identifiziert. Noch ein anderer merkwürdiger Satz Luthers soll hier angeführt werden. In dem großen Kommentar zum Galaterbrief (Weim. 40. 1, 417) heißt es: ut fides sit divinitas in opere, in membris; tunc isti operi, materiae datur propter fidem etc. Das etc. der Handschrift wird in dem Druck ergänzt durch die Worte: ut unica causa iustificationis, quae postea etiam tribuitur materiae propter formam, hoc est operi propter fidem, ut regnum divinitatis traditur Christo homini non propter humanitatem sed divinitatem. Das heißt also: Glaube ist die im Menschen wirksame Gottheit, und zwar als die alleinige Ursache der Rechtfertigung, die sodann wegen des formenden Prinzips Gottes oder des Glaubens auch dem ganzen Menschen als dem bildsamen Stoff mitgeteilt wird, also sich auch auf seine Werke erstreckt. Dies alles ist natürlich im Sinne Luthers nicht in der Weise des Illusionismus oder einer Philosophie des „Als ob" zu deuten, auch nicht so, wie Luther ausdrücklich hervorhebt, als wenn der Mensch wirklich Gott zu etwas machen könnte, sondern so, daß des Menschen Vorstellung von Gott stets dem jeweiligen wirklichen Verhältnis zwischen ihm und Gott entspricht und sich insoweit als zutreffend bewährt. — Nun erhebt sich aber die Frage, wie Luther auf diese immerhin auffallende Gleichsetzung der Gabe Gottes mit der menschlichen Annahme derselben gekommen ist. Man könnte zunächst an den ockamistischen Empirismus denken, aber dieser bleibt auf die rein sinnliche Empirie beschränkt und es besteht bei Ockams durchaus antiempirischem Glaubensbegriff keine Möglichkeit einer Verbindung zwischen seinem natürlichen Empirismus und dem Glauben. Anders steht es, wenn wir an die Mystik denken. Zunächst muß man daran erinnern, daß auch die Mystiker den Glauben als ein inneres Empfinden, Empfangen und Erfahren, aber auch als Vertrauen zur göttlichen Sündenvergebung verstehen. Er steht somit in unmittelbarer Beziehung zu dem Wirken Gottes in der Seele, „sein Geben ist mein Nehmen" sagt Meister Eckhart. Oder es wird die Verwirklichung des von Gott ausgehenden Bewegtwerdens in der menschlichen Bewegung erblickt. Das ist unzweifelhaft der nämliche Grundriß, der auch Luthers Glaubensgedanken zugrunde liegt, wenn auch er dem Wort in diesem Zusammenhang eine größere Bedeutung zumißt als die Mystik. Auch der Wille spielt in dem Glaubensleben der Mystiker eine weit bedeutsamere Rolle als man gemeinhin annimmt. Man denke weiter an das innere Einswerden mit Christus und die Bedeutung des Kreuzes hierfür. Nun hat aber die Mystik — besonders Eckhart — dieser ganzen Anschauung noch eine eigentümliche Spitze gegeben. Gott und die Seele werden ein Wesen, „daß da kein Unterschied ist, denn daß er Gott bleibet und sie Seele". Der gute Mensch wird geboren von der göttlichen „Güte" (= bonitas) und ist als solcher, d. h. sofern er gut ist, „ungemacht und ungeschaffen". Was mit diesen und ähnlichen Sätzen gesagt werden soll, ist schließlich nicht mehr, als daß das neue Leben, das durch die Geburt Christi in der Seele entsteht, in der unmittelbaren Einheit mit dem göttlichen Leben besteht und daher göttlich ist, aber doch nur sofern es als von Gott gewirkt betrachtet wird. Man wird aber immerhin sagen müssen, daß Luther diese oder ähnliche Sätze kaum niedergeschrieben hätte. Was ihn mit der Mystik verbindet, ist die durch geistliche Erfahrung gewonnene Überzeugung, daß der Mensch durch Glauben in Gott lebt, sofern er das, was Gott in ihm will, selbst will, und daß somit der Glaube nie eine bloße Vorstellung ist, sondern der Eindruck und Ausdruck einer Lebensvereinigung mit Gott. Aber diese Verbindung mit Gott ist für Luther eine Lebensbewegung, die in stetem Ringen auf- und niedersteigt, je nachdem ob die alte Macht der Sünde getötet oder wieder lebendig wird. Es handelt sich ihm daher bei dem Glauben um ein immer wieder sich erneuerndes Empfangen und Haben, nicht um ein Gewordensein, sondern um ein Werden. Daher die starke Hervorhebung der ethischen Motive in seinem Glaubensgedanken, denen nicht Genüge geschähe durch das metaphysische Urteil einer der Anlage des Menschen entsprechenden Vergottung. So sicher m. E. Luther aus der Mystik starke Anregungen zu seinem lebendigen Glaubensgedanken empfangen hat, so sehr weicht doch hinsichtlich der Einzelausführung sein Weg von dem der Mystik ab. Anregungen liegen fraglos vor, aber keine Abhängigkeit, denn wie immer regten ihn die Anregungen wirklich an und führten daher zu eigenen Beobachtungen und Gedanken.

Noch eins. Will man die Luther und der Mystik gemeinsame Art des religiösen Erkennens zur Verdeutlichung mit einer gemeinmenschlichen Form des Erkennens in Beziehung setzen, so wird man von einem religiösen Transzendentalismus reden dürfen. In der Mystik ist es der Gedanke, daß die geschaffenen Geister sich nicht denken können ohne den ewigen Geist zu denken und der ewige Geist sich nicht denken kann, ohne daß ihn die geschaffenen Geister denken. Bei Luther ist die Sache strenger religiös konzentriert. Gott als das ewige Subjekt macht den Menschen zum passiven Objekt seines besonderen Wollens. Dies geschieht aber so, daß der Mensch gerade durch dies ihm angetane passive Objektwerden das als Subjekt aktiv selbst will, wozu ihn Gott bestimmt. Es ist somit eine apriorische nötigende Anlage in dem Menschengeist anzunehmen, vermöge welcher er nur dann etwas empfängt, wenn er es selbst oder willentlich empfängt. Daß es sich hierbei nicht um rein natürliches Ergreifen und Erkennen handelt, braucht jetzt ebensowenig hervorgehoben zu werden, wie daß wir die in Rede stehende Wirkung Gottes nicht physisch oder metaphysisch verstehen, sondern als die durch das Offenbarungswort vermittelte bewegende und erleuchtende Betätigung des göttlichen Wollens. Ich glaube diese Anschauung nicht besser charakterisieren zu können als durch die Bezeichnung religiöser Transzendentalismus. Ob durch diesen etwa eine Beziehung zu dem philosophischen Idealismus gewonnen werden kann, soll hier nicht untersucht werden, da Luther dies Problem, wenigstens nicht direkt, erörtert hat. — Aber wie dem auch sei, soviel ist sicher, daß der Glaubensgedanke Luthers zu seinen größten geistigen Konzeptionen gehört. Ihn wirklich zu verstehen und in das Leben einzuführen, ist immer noch eine nicht erledigte Aufgabe der evangelischen Theologie. —

Nur einige kurze Bemerkungen über Luthers Auffassung von dem Beruf mögen hier weiter Platz finden. Die mittelalterliche Betonung des irdischen Berufes für jeden Laien als einer Pflicht, die ihm durch seine Stellung im menschlichen Gemeinschaftsleben auferlegt ist, findet ihre Beschränkung durch das doppelte Lebensideal, wie es aus der Unterscheidung des aktiven und kontemplativen Lebens sich ergibt, wobei letzteres dem ersteren durchaus übergeordnet ist, dazu kommt noch der Gedanke der Verdienstlichkeit der Werke. Demgegenüber hat die Mystik die Pflicht zur Betätigung im tätigen Leben der Gemeinschaft schon tiefer als etwas, was uns durch den Ruf Gottes gegeben ist, erfaßt und die echt sittliche Art der täglichen Arbeit gern hervorgehoben. Diese Gedanken dürften immerhin von nicht unerheblicher Bedeutung geworden sein für die Schätzung der Handarbeit und die Steigerung des Selbstbewußtseins der arbeitenden Stände in dem ausgehenden Mittelalter. Hier setzte dann Luthers bekannte Wertung des irdischen Berufes ein. Gott gibt ihn jedem, aber er gibt zugleich durch die Gnade Kraft zu seiner Erfüllung, sodaß von Verdiensten dabei nicht die Rede sein kann. Dies ist die christliche Liebe gegen Gott und die Brüder. Sie ist nicht zu verstehen als Selbstliebe, oder als die Begierde, zum Genuß Gottes in der Ewigkeit zu gelangen. Liebe ist die innere Dienstbereitschaft für die Gottesherrschaft, die uns im Glauben aufgegangen ist. Und so zu leben, daß man Gottes Willen und Herrlichkeit in allem will und für sich nichts Weiteres wünscht, weder in diesem noch in jenem Leben — das heißt selig sein in Luthers Sinn. Wo aber diese Unterwerfung unter Gottes Willen vorliegt, da kann es an Freude, Friede, Lust und Seligkeit nicht fehlen, so wenig der Mensch, der wirklich von Gottes Herrschaft innerlich überwunden ist, um dieser Lust willen sich Gott unterwirft.

Zum Schluß noch einige Bemerkungen über die Ansätze zu einem neuen Kirchenbegriff bei dem jungen Luther. Die Kirche ist die neue Schöpfung der Menschheit durch den in Christus wirksamen Gottesgeist. Sein Regiment in ihr vollzieht sich rein geistig durch die die Seelen ergreifende und bestimmende Gnade. Aber wie Christus selbst sein Wesen in einer geschichtlichen, menschlichen Gestalt verborgen und zugleich offenbart hat, so sind auch die Wirkungen seines Geistes verborgen und zugleich offenbar in empirisch wahrnehmbaren Worten, Handlungen und Ordnungen. Daher ist aber auch die so gewirkte spiritualis civitas ein unsichtbarer Bau gemäß dem, daß ihr Regent wie auch die von ihm regierten Menschen mit ihrer spiritualis iustitia in ihrem Wesen unsichtbar sind. Durch den allmächtigen Willen Christi ist also die Kirche als der allumfassende Zweck seines Wirkens gesetzt, aber so, daß wie die Rechtfertigung die einzelnen Christen nur allmählich in Kreuz und Kampf durchdringt und doch von Anfang an ihre Vollendung gesichert ist, so auch die Kirche als die Gemeinschaft der Heiligen nur auf den verschlungenen Wegen der Geschichte ihrer Vollendung entgegengeht und doch stets das ist, wozu Christus sie bestimmt hat. Die Kirche im Sinne Luthers ist also, soziologisch ausgedrückt, eine Gemeinschaft und nicht ein Verein, denn sie ist geschaffen durch den ewigen Gottesgeist und nicht durch die rationalen Erwägungen ihrer Angehörigen. Sie besteht aus Gliedern, die ihr Haupt sich angliedert, nicht aus Mitgliedern, die sich ihm anschließen. — Hiermit ist in gewaltigen Umrissen das Programm eines Kirchenwesens dargelegt. Jeder, der in die Gedankenwelt Luthers eingedrungen ist, versteht, in einem wie feinen, konsequenten und doch deutlichen Zusammenhang diese Kirchenidee zu seiner religiösen Gesamtanschauung wie zu allen ihren einzelnen Teilen steht. Niemand wird freilich auch die Schwierigkeiten unterschätzen, welche der Umsetzung dieser Kirchenidee in die Wirklichkeit entgegenstanden, wir ringen ja noch heute mit ihnen. — Gewiß hat die zeitgenössische Kritik die Konzeption dieser Idee erleichtert. Aber man kann doch nicht sagen, daß etwa die Kritik Ockams oder Wiklifs oder auch die frommen mystischen Vereinigungen dabei positive Anregungen geliefert hätten. Man kann wohl auch an die gewaltigen Konstruktionen in Augustins „Gottesstaat“ sich erinnern, aber an sich einfacher, konsequenter und klarer sind die Gedankenzüge bei Luther. Nicht ein Programm der Weltgeschichte schwebte ihm vor wie Augustin, sondern ein Verständnis des Leibes Christi, der sanctorum communio im Strom der zeitlichen Welt.

4.

Soweit es die rasch hineilende Stunde gestattet, haben wir die religiöse Gedankenwelt des jungen Luther in ihrem Zusammenhang zu erfassen versucht. Wohl begegneten wir an manchen Punkten Anregungen seitens des Ockamismus wie auch der deutschen Mystik. Trotzdem wird jeder, der das Ganze dieser Lehre überschaut, den Eindruck einer originalen Gesamtanschauung gewinnen, man könnte auch sagen einer kongenialen Übertragung der Religion des Paulus in die deutsche Denk- und Empfindungsweise.

Fassen wir unter Betonung der allgemeinen geistesgeschichtlichen und weltanschaulichen Gesichtspunkte die Hauptresultate unserer Darstellung zusammen. Luther hat den Gegensatz zwischen Konstanz und Einheit der Wirklichkeit und der unendlichen Wandelbarkeit der Möglichkeit gelöst durch die Annahme der Kontingenz des göttlichen Willens in der Setzung einer in sich geschlossenen Ordnung der Wirklichkeit. Daher ist diese in Natur wie Geschichte sich darstellende Ordnung die Trägerin des sie wollenden Gottesgeistes. Diese Luther von Duns Scotus wie Ockam überlieferte Auffassung gewinnt bei ihm die größte Bedeutung durch die Anwendung auf die durch Christus verwirklichte Ordnung der geschichtlichen Offenbarung. Indem Gott Geist oder Wille und Leben ist, besteht die Autorität der geschichtlichen Offenbarung nicht darin, daß sie ein von Gott gegebenes Gesetz ist, sondern in dem Erweis des Geistes und der Kraft. Dies ist der Unterschied zwischen Luthers und Ockams Biblizismus. Ähnlich ist die Erlösung als Sündenvergebung eine kontingente Gottesordnung, die als neues Prinzip durch Christus in die Geschichte eintritt und Grund wie Voraussetzung der von Gottes Geist gewirkten realen Gerechtmachung des Sünders ist als der Wiederherstellung seines vorsündlichen geistlichen und nicht fleischlichen Zustandes. Nur die Kontingenzidee verbindet dies Gedankengefüge mit Ockam, im übrigen ist dessen konkrete Anschauung von Sünde wie Gnade von der Luthers ganz verschieden. Die Gerechtmachung des Sünders ist lediglich Wirkung der aktualen göttlichen Gnade, aber so, daß der Mensch, was der Geist ihn zu wollen antreibt, selbst will oder daß er das, was ihm angetan wird, selbst tut. Der sündhafte menschliche Wille erreicht also seine höchste Aktivität nur, indem er in ein Verhältnis reiner Passivität zu dem absolut aktiven Willen versetzt wird. Dabei ist von Bedeutung, daß dieser Vorgang sich zwischen dem geistigen und lebendigen Gotteswillen und dem der Vollendung von Geist und Leben zustrebenden Menschenwillen vollzieht, also eine vitale Einigung zwischen Gott und Mensch bewirkt. Hieraus versteht sich dann der Glaubensgedanke

Luthers. Im Glauben lebt Gott im Menschen und lebt der Mensch aus und in Gott und lebt gerade so sein freies Eigenleben. Das gilt in dem Grade, daß das, was Gott dem Menschen gibt und was der Mensch von ihm nimmt, vermöge der vitalen oder auch voluntativen Einigung als Wechselausdruck für denselben Vorgang betrachtet werden kann, wie wir gesehen haben. Daß in diesen Gedanken Züge der mystischen Frömmigkeit in Luther nachwirken, zeigte sich uns früher, aber auch, daß diese Anregungen von ihm eigenartig umgebildet sind.

Nichts wäre so verkehrt, als das Gesagte dahin zu deuten, als wäre die Theologie Luthers eine Synthese von Ockamismus und deutscher Mystik. Seine Theologie ist ein großartiger Entwurf von einer Einheit und Geschlossenheit, wie sie vor ihm nur wenige erreicht hatten, sofern man auf die großen Zusammenhänge schaut. Er ist hingegangen durch seine Zeit wie ein Dämon, der zertrat was ein Jahrtausend vor ihm angebetet und verehrt hatte, und wieder grünte und blühte es in seinen Fußtapfen wie bei Baldur dem Frühlingsgott. Er war ein Kämpfer, dem es wirklich nur um die Gnade und Wahrheit ging. So verkörperte er in sich das Sehnen und Streben seiner Zeit, aber er suchte nicht nur und kritisierte nicht bloß, sondern er fand auch das Gesuchte und überwand das Kritisierte. Aber je mehr er mit seiner Zeit lebte und erlebte, was sie suchte, desto mehr wurde er er selbst, und er wurde es, indem er von dem ewigen Gnadenwillen sich bewegen ließ. Manche Vermittler sind ihm dabei zu Hilfe gekommen. Vor allem Paulus, aber der große Israelit ist in seinem Geist zum deutschen Theologen geworden und hat doch nichts von seiner Tiefe oder Höhe verloren. Er hat tiefste Anregungen von Augustin empfangen, aber er hat ihn des hierarchischen Mantels entkleidet und seinen neuplatonischen Idealismus abgetan. Er ist nicht umsonst in die Schule Ockams gegangen, aber er hat seinen gesetzlichen Biblizismus im tiefsten umgebildet, er hat seinen dialektischen Kritizismus abgetan und seinen Pelagianismus auf das schärfste bekämpft. Er hat den frommen Weg der Mystiker in der Nachfolge Christi gern betreten und dessen Ziel der realen Vereinigung mit Gott mit ihnen gesucht und gefunden.

aber er hat alle krankhafte Übersteigerung bei ihnen abgestreift und was nur neuplatonische Spekulation in ihren Gedanken war, verworfen.

Blickt man auf seine Lehre als Ganzes hin, so gewinnt man den Eindruck eines Hauses, das auf den Fundamenten des Paulus ruht und in dessen Stil gehalten ist. Daß an dem alten Gebäude dies und jenes in späterem Stil gstaltet ist, fällt nicht sonderlich auf. Aber an zwei Stellen ist der umfassende Einbruch eines anderen Stiles unverkennbar und auffallend. Es ist der durchgeführte voluntaristische Gottesbegriff mit der Kontingenz und anderen Konsequenzen. Es ist sodann der religiöse Transzendentalismus des Glaubensgedankens mit seinen Folgen für das Wirken der Gnade. Ersteres weist deutlich den Stil Ockams auf, letzteres erinnert unverkennbar an den mystischen Stil. Aber die Hauptsache dabei ist doch, daß weder dieses noch jenes den paulinischen Gesamtstil stört, ja daß man fast sagen möchte, daß diese beiden großen Einbrüche eines fremden Stiles die Eigenart der paulinischen Gedanken nur desto schärfer, in stark akzentuierter Plastik fort- und ausführen. So hat Luther von den beiden großen Bewegungen für seinen Paulusbau gelernt und zum Teil viel gelernt, aber je mehr er von ihnen lernte, desto mehr wurde er auch frei von ihnen. Eine solche Entwicklung ist freilich nur dem möglich, der die Fähigkeit besitzt, mit seiner Sache innerlich zur Einheit zu verwachsen. Daß aber dies wirklich bei Luther geschah, das beweist die tiefste Entdeckung in seiner Theologie, nämlich das neue, in sich geschlossene Verständnis vom Sinn des religiösen Glaubens. Hierbei hat er aber bleiben können, weil er weder an der hysterischen Neigung zu dem Unerhörten und zu sich übersteigernden Paradoxien litt, noch auch an dem bescheidenen Ehrgeiz, sich auf der mittleren Linie der kirchlichen Tradition zu halten, genug hatte. Und auch in diesem wie in jenem sollen wir heute von ihm lernen.

Mitglieder der Gelehrten Gesellschaft.

Ordentliche Mitglieder.

D. Dr. Hermann Wolfgang *Beyer*, Greifswald, Am Graben 3, o. ö. Prof. der Kirchengeschichte. Mitglied des Vorstandes.

D. Dr. Walter *Glawe*, Greifswald, Gaustraße 2, o. ö. Prof. der Kirchengeschichte.

D. D. Freiherr *von der Goltz*, Greifswald, Roonstr. 26, o. ö. Prof. der praktischen Theologie.

D. Rudolf *Hermann*, Greifswald, Wolgaster Landstr. 73, o. ö. Prof. der systemat. Theologie. Geschäftsführender Vorsitzender.

Dr. Adolf *Hofmeister*, Greifswald, Wolgasterstr. 47, o. ö. Prof. der Geschichte.

D. Wilhelm *Koepp*, Greifswald, Loitzerstr. 47, o. ö. Prof. der systematischen Theologie.

Bibliotheksdirektor i. R. Prof. Dr. D. Johannes *Luther*, Greifswald, Werderstr. 4.

Dr. Lutz *Mackensen*, Greifswald, Wolgasterstr. 9/10, Privatdozent für germanische Philologie.

Dr. Johannes *Paul*, Greifswald, Roonstr. 9, a. o. Prof. der Geschichte, z. Z. Riga, Herderinstitut.

D. Dr. Dr. Viktor *Schultze*, Greifswald, Karlsplatz 16, Geh. Rat, Prof. i. R. der Kirchengeschichte und der christl. Archäologie.

D. Dr. Hermann *Schwarz*, Greifswald, Geh. Rat, o. ö. Prof. der Philosophie, Lubmin bei Greifswald.

Dr. Wolfgang *Stammler*, Greifswald, Karlsplatz 17, o. ö. Prof. der germanischen Philologie. Mitglied des Vorstandes.

Korrespondierende Mitglieder.

D. Hermann *Mandel*, Kiel, o. ö. Prof. der systematischen Theologie.

Dr. Paul *Merker*, Breslau, o. ö. Prof. der german. Philologie.

Dr. Fritz *Milkau*, Berlin, Geh. Rat, Generaldirektor der preußischen Staatsbibliothek i. R., Honorarprof. a. d. Universität Berlin.

D. Adolf *Schlatter*, Tübingen, o. Prof. der Theologie i. R.

Dr. Walther *Schönfeld*, Tübingen, o. Prof. des deutschen, bürgerlichen und Kirchenrechts.

D. Dr. jur., phil. et med. Reinhold *Seeberg*, o. Prof. der Theologie i. R. Berlin.

D. Erich *Seeberg*, Berlin, o. ö. Prof. der Kirchengeschichte.

D. Dr. Karl *Stange*, Göttingen, o. ö. Prof. der systematischen Theologie.

Dr. Heinrich *Ulmann*, Darmstadt, Geh. Rat, o. ö. Prof. der Geschichte i. R.

Satzungen
der Greifswalder Gelehrten Gesellschaft für Lutherforschung und neuzeitliche Geistesgeschichte.

1. Die Greifswalder Gelehrte Gesellschaft für Lutherforschung und neuzeitliche Geistesgeschichte ist eine freie Vereinigung von Gelehrten, die an der Universität Greifswald tätig oder anderweitig mit ihr verbunden sind. Sie hat ihren Sitz in Greifswald.

2. Der Zweck der Gesellschaft ist wissenschaftliche Forschung. Sie verfolgt ihr Ziel insbesondere durch wissenschaftliche Veröffentlichungen, Forschungsberichte und Vorträge. Die Gesellschaft erscheint im amtlichen Personalverzeichnis der Universität.

3. Die Gesellschaft besteht aus ordentlichen und korrespondierenden Mitgliedern. Sie ergänzt sich aus allen Fakultäten.

4. Die ordentlichen Mitglieder müssen ihren bürgerlichen Wohnsitz in Greifswald haben.

Gibt ein ordentliches Mitglied seinen Wohnsitz in Greifswald auf, so wird es von selbst korrespondierendes Mitglied.

Ein korrespondierendes Mitglied, welches in Greifswald seinen Wohnsitz begründet, kann zum ordentlichen Mitglied gewählt werden. Der § 6 findet Anwendung.

5. Über die Angelegenheiten der Gesellschaft wird von den ordentlichen Mitgliedern beraten und mit einfacher Mehrheit beschlossen, sofern nicht ein anderes bestimmt ist.

6. Über die Aufnahme neuer Mitglieder wird in einer Sitzung der ordentlichen Mitglieder in geheimer Abstimmung Beschluß gefaßt.

Die Aufnahme findet nicht statt, wenn drei ordentliche Mitglieder in der Sitzung oder, wenn sie nicht daran teilgenommen haben, innerhalb eines Monats widersprechen.

Ein Ausschluß aus der Gesellschaft kann nur erfolgen, wenn $^3/_4$ aller ordentlichen Mitglieder zugestimmt haben.

7. Die Bestimmungen von § 6 können nur in entsprechender Weise geändert werden.

Andere Verfassungsänderungen und die Auflösung der Gesellschaft sind beschlossen, wenn $^2/_3$ der Anwesenden dafür gestimmt haben. In dieser Sitzung müssen $^2/_3$ aller ordentlichen Mitglieder anwesend sein. Ist das nicht der Fall, so entscheidet die nächste Sitzung, zu der alle ordentlichen Mitglieder unter Angabe der Tagesordnung erneut einzuladen sind.

8. Regelmäßige Beiträge werden nicht erhoben. Im Bedarfsfalle können Umlagen beschlossen werden.

9. Der Vorstand besteht aus dem Vorsitzenden und aus drei Vertretern der Fakultäten. Ein Vorstandsmitglied muß Kirchenhistoriker sein. Der Vorstand beschließt über die Herausgabe der Druckschriften. Er hat das Recht, besondere Mitteilungen zu veröffentlichen.

Der Vorstand wird von der Mitgliederversammlung auf ein Jahr gewählt, Wiederwahl ist zulässig. Je ein Mitglied soll tunlichst der theologischen, rechts- und staatswissenschaftlichen und philosophischen Fakultät angehören. Das Geschäftsjahr beginnt mit dem 15. Mai.

10. Der Gesellschaft stehen für ihre Zwecke geeignete Räume der Universität nebst Beleuchtung, Beheizung und Bedienung zur Verfügung.

Die Mitglieder haften nur mit ihrem Anteil am Gesellschaftsvermögen. Das Vermögen der Gesellschaft geht bei Auflösung auf die Universität über.

11. Diese Satzungen bedürfen der Zustimmung des Preußischen Ministeriums für Wissenschaft, Kunst und Volksbildung.

Kolibri 360 GmbH
Ferdinand-Jühlke-Straße 7
99095 Erfurt, Deutschland
produktsicherheit@kolibri360.de